DAS VESPA ALBUM

Einbandgestaltung: Anita Ament unter Verwendung des Umschlages der Originalausgabe.

Die Originalausgabe ist erschienen unter dem Titel
The Colour Vespa Family Album

Die Übertragung ins Deutsche besorgte Jan Leek

ISBN 3-613-01753-9

1. Auflage 1996

Satz: Vaihinger Satz + Druck, 71665 Vaihingen an der Enz
Printed in Hong Kong

DAS VESPA ALBUM

ANDREA & DAVID SPARROW

Motor buch Verlag

DANKSAGUNG

Wir möchten folgenden Personen ein herzliches Dankeschön aussprechen:

Clive Mills, Christa Sollbach und Piero Pagnagnelli von der International Federation of Vespa, Yves und Marie-Pierre Le Sellin vom Vespa Club France, Charles Caswellvon (Vespa Club of Britain), Giuseppe Tranchina und Shirley Pattison von Piaggio UK, Señor Burgos von Moto Vespa SA, Oliver Körber, Hans Kruger, Kees Portanje, Jac Janssens, Willem Hacken, Norrie Kerr, Patrick Pellen, Jos und Jeanine Janssens, Jan van Pey. Elvira Porqueras, Luis Azcue, Luis Casedemont, Michael Espenschied, Ralf Kalker, Frank Krämer, Gerd Krämer, Timo Müsil, Ulf-Rüdiger Scholz, Monika Simon, Sascha Weidler, Steffi Zahler,

Heide Schefe, Maurice Jessen, Joeri und Cindy Janck, Manfred Meier, Mark Green, Davis Sharp, Paul Golding, Barry Baker Rob Currie, Steve Moore, Jim McCabe, Glen Allen, Steve Langton, Ingrid Bell, Brian Edwards, Robin Rother, Brian Forde.

Carlo Ruggeri, Richard Meissonnier, Antonio Torres, Eric Dijane-Alegria, Eric Dutra, Joan Robera Herdes, Juan Navaro, William Rondeler und Heidi, Tillman Siebott, Inge Priester, Kerstin Bürgel, Domenico Palazzetti, Didier Bongiouanni, Stefan Peruzzi, Adrian Burridge, Bill Drake, Angie Kind, Claudia Smissaert, Candy van der Lans, Manfred Theis, Melanie Junker, Herbert Moroz, Emil Westphal.

Manfred Meesen, Sybille Monnier, Steve Forster, Mark Forster, Tracey Hole, Daniel Divers, Marco Kuhl, Thierry Bijiaoui, Franáois Fantauzzo, Romain Vernet, Benjimin Giuigiue, Cedric Biancone, Ella, Emma Sparrow, Jade Bond, Daniel Icard, Hervä Chouchana, Sharon Wittle, Stan Roukens und Centrum Beeldente Kunst, Sittard, Helen Farley, Pierre Delliere, Robin Davy.

INHALT

VORWORT

Die erstaunlich erfolgreiche Vespa von Piaggio veränderte vollständig das Gesicht ihrer italienischen Heimat. Und nicht nur dort: Mehrfach in Lizenz in verschiedenen Ländern hergestellt und von Italien aus in aller Herren Länder exportiert, sicherte die Vespa dem Roller einen besonderen Platz in der Geschichte kleiner Transportfahrzeuge. Ein Platz in den Herzen früherer und heutiger Besitzer war sowieso von Anfang an sichergestellt.

Die Vespa rollt seit mehr als 50 Jahren. Zu großer Popularität kam sie bereits in den frühen Nachkriegsjahren, die 50er standen ganz im Zeichen der kleinen Räder. Auch in den 60ern konnte Vespa die Ansprüche der Jugend erfüllen. Als neue Stilrichtungen in der Jugendkultur in den 70ern und 80ern auftauchten, waren die Piaggio-Roller wieder dabei. Mit neuer Technologie stehen die Vespa-Roller jetzt für das letzte Jahrzehnt unseres Jahrhunderts bereit.

Die Vespa-Familie umfaßt auch die verschiedenen APE-Transporter und auch das Kleinauto Vespa 400, beide sind mit ihren eigenen Kapiteln in diesem Buch vertreten.

Eine Vespa ist mehr als ein simples Transportmittel. Für viele sind sie längst zur Passion geworden, zum Lebensstil, und das wird sich so schnell nicht ändern. So lange es Straßen gibt, so lange werden auch Vespas darauf fahren.

Andrea Sparrow

1 DIE GROSSE IDEE

Am Ende des Zweiten Weltkrieges lag fast die ganze italienische Industrie in Trümmern, wie es auch im restlichen Europa der Fall war. Die Produktion ziviler Güter war mit dem Krieg mehr oder weniger ganz zum Erliegen gekommen. Viele Werksanlagen sanken im Bombenhagel in Schutt und Asche und wurden vielfach so zerstört, daß an eine Wiederaufnahme der Produktion nicht mehr zu denken war. Und die Menschen, die dort gearbeitet hatten, riß der Krieg auseinander und alle Träume für eine bessere Zukunft blieben für viele eben nur das: Träume. Nur besonders talentierte Geister konnten unter solchen Umständen sich aus der Asche wieder hochkämpfen.

Enrico Piaggio war ein solcher Mann. Von seinem Vater erbte er 1938 in der Toscana zwei Werksanlagen und hatte dort während des Krieges Flugzeuge gebaut. Jetzt, sieben Jahre später, lagen sie in Trümmern. Zum Glück hatte Piaggio von seinem Vater auch dessen Geschäftssinn und Improvisationstalent geerbt. Er resignierte nicht und machte sich auf die Suche nach einem Produkt, das in diesen trostlosen Nachkriegstagen möglichst viele Käufer finden könnte. Deswegen durfte es nicht allzuviel kosten und da Zeit und Geld fehlte, um neue Arbeiter auszubilden, sollte dieses neue Produkt mit den Werkzeugen, die da waren und von den Leuten, die übriggeblieben waren, hergestellt werden können. Zeit für exakte Marktanalysen oder gar kostspielige Neuentwicklungen gab es sowieso nicht. Und um das Maß der Unmöglichkeiten voll zu machen: Das neue Produkt, das Piaggio so fieberhaft suchte, mußte schon so ausgereift auf den Markt kommen, daß sein Erfolg gesichert war. Ein Mißerfolg hätte das Aus bedeutet.

Piaggios Familienunternehmen hatte sich immer mit Fahrzeugen dieser oder jener Art beschäftigt. Schon 1894 verwandelte Rinaldo Piaggio das bescheidene Sägewerk seines Vaters in einen weltbekannten Lieferanten von Utensilien für den Schiffbau. Er engagierte nur Tischler und Schreiner mit den höchsten Qualifikationen und sie arbeiteten für die besten Werften der Welt. Nach 1900 stieg Piaggio auch in der Ausstattung von Eisenbahn-Waggons ein und etablierte sich auch als Zulieferer von

D'Ascanio konstruierte eigens für die Vespa einen neuen Zweitaktmotor.

Transportfahrzeugen aller Art. In den zwanziger Jahren stellte er Flugzeuge und Boote her. Statt sich auf Militär- und Frachtflugzeuge zu konzentrieren wurde Piaggio zum Pionier in der Herstellung von Passagierflugzeugen. Vor diesem Hintergrund war es nicht weiter verwunderlich, daß Enrico auf der Suche nach neuen Produkten sich zunächst im Umfeld des Transports herumsah.

Die Idee, auf die er schließlich verfiel, war nicht neu. Roller gab es bereits, aber ohne nennenswerten Erfolg. Piaggio war überzeugt, daß das Problem völlig anders angepackt werden müßte. Keine Mixtur aus Motorrad und Fahrrad mit den schlechten Eigenschaften von beiden Kategorien, sondern die Lösung eines wirklichen Problems. Billige, private Transportmittel waren tatsächlich Mangelware, und das nicht nur in Italien. Piaggio diskutierte seine Überlegungen mit Corradino D'Ascanio, einem glänzendem Konstrukteur, zu dem er großes Vertrauen hatte.

Das Konzept war eindeutig: Eine Frau mußte genauso problemlos wie ein Mann diesen Roller fahren können. Der Fahrer sollte einen gewissen Wetterschutz genießen und seine Kleidung sollte mit Öl und Fett nicht in Berührung kommen. Ein Reserverad dürfte bei einem solchen Fahrzeug nicht fehlen; Handlichkeit und Wirtschaftlichkeit waren selbstverständlich. Außerdem, auch das

5
verbleit Super
ARAL
Vespa
HÖCHSTE EISZEIT!
Mars

Die breite Front der Vespa war kein Designertrick, sondern ganz bewußt als Wetterschutz für modebewußte Benutzer konzipiert. Im Lastenheft stand außerdem die Forderung, daß der neue Roller auch von Frauen problemlos zu fahren sein solle. Frühe Modelle waren für ihre primitive Gestängeschaltung bekannt.

stand im Lastenheft, sollte der Roller in Anschaffung und Unterhalt billig sein. Aus diesen Bedingungen entstand so die Vespa.

Der erste Prototyp wurde aus vorhandenen Teilen zusammengebaut und erhielt deshalb den Spitznamen »Paperino«, was soviel wie Donald Duck auf italienisch bedeutet. Piaggio fand das

Eine Vespa versüßte das Leben mancher Frau. Ihre Vielseitigkeit machte nicht nur Reisen möglich, sondern auch den Kontakt zu neuen Freunden.

In vielen Ländern kam die Post per Vespa, leider nicht in Großbritannien, wo aber diese Lackierung gut gepaßt hätte.

CANTINA
CANTINA
TAPAS-BAR

Resultat vielversprechend und gab sein Einverständnis für die weitere Entwicklung.

Die Konstruktionszeit betrug nur fünf Monate, da D'Ascanios Talente als Konstrukteur größere Probleme erst gar nicht aufkommen ließen; er erkannte sie, noch bevor sie überhaupt auftauchten. Fünfzehn Jahre zuvor hatte er den ersten echt kontrollierbaren Hubschrauber gebaut. Als die logistischen Probleme aus dem Weg geräumt waren, stand der Fahrerprobung der ersten Prototypen nichts mehr im Wege; die Motoren kamen von Sachs. Schon im April 1946 wurde der Roller, jetzt von D'Ascanios eigens konstruiertem Zweitaktmotor getrieben, der Presse vorgestellt.

D'Ascanios elegante Konstruktion war der Piaggio-Belegschaft wie auf den Leib geschneidert. Was sie im Flugzeugbau gelernt hatte, konnte sie hier anwenden. Die Preßstahlkarosserie war leicht, aber stabil und umschloß sämtliche mechanische Komponenten. Gleichzeitig diente sie als Wetterschutz für Beine und Kleidung des Fahrers. Eine einfache Lenkachse verband das Vorderrad mit dem Lenker und die einseitige Aufhängung des Vorderrads machte Radwechsel zu einer einfachen Affäre. Der 98 Kubik große Zweitaktmotor lief mit fünf Prozent Öl-Vorgemisch und war gebläsegekühlt. Der Motor saß auf

Diese und vorherige Seite: Egal ob vor dem Straßencafé oder in den Weinbergen, die Vespa macht immer eine gute Figur.

Ursprünglich ein italienisches Phänomen, verbreitete sich die Vespa bald auf der ganzen Welt.

der rechten Seite des Hinterrades und war mit ihm direkt verbunden. D'Ascanio hielt Kettenantrieb oder Winkelantrieb für unnötig kompliziert und suchte überall einfache Lösungen. Über einen Drehgriff am Lenker ließen sich die drei Gänge des Getriebes einlegen, da der Konstrukteur sich nur schwer mit der Fußschaltung eines Motorrads anfreunden konnte.

Der Roller wog 80 Kilo und erreichte eine Höchstgeschwindigkeit von gut 70 km/h. Eine realistische Durchschnittsgeschwindigkeit auf normalen Landstraßen wäre wohl um die 50 km/h gewesen, der Piaggio-Roller ging also ganz gut. Und wirtschaftlich war sie auch, die kleine Vespa, mit einem Verbrauch von nur 3,5 Litern. Die Herstellung stellte sich ebenfalls als billig heraus - Vorhang auf für die Vespa, das Fahrzeug für Jedermann.

Es gab entscheidende Unterschiede zwischen dem Traum von Piaggio und dem seiner Vorgänger. Außer den praktischen Vorteilen hatte das Ding auch einen unverkennbaren Charakter und verlangte deswegen einen passenden Namen. Das gewölbte Hinterteil, die schmale Taille und die Flügel vorn erinnerten, zusammen mit dem Summen des Motors, an eine Wespe – »Vespa« auf italienisch.

Die Vespa änderte schlagartig das Leben. Der Arbeitsplatz mußte nicht mehr zu Fuß oder per Bus erreichbar sein, über Nacht hatte der Vespafahrer sein Umfeld und seinen potentiellen Bekanntenkreis bedeutend erweitert. Man konnte die Kinder packen und ab an die Küste fahren. Der Horizont stellt keine Grenze mehr dar, eher ein Ziel. In den Ruinen von Piaggios Werk in Pontedera erblühte neues Leben.

Kein tierischer Ernst, aber eine schweißtreibende Plackerei: Vespa vor der Kathedrale in Gerona.

Die Einführung der Maschine mit 50 Kubik brachte auch die jüngere Generation auf den Geschmack: Vespa-Lifestyle.

Gegenüber: Die Zubehörpalette ist schier unüberschaubar, kein Wunder, schließlich wollen die meisten Fahrer ihrer Vespa auch einen ganz persönlichen Stil aufdrücken.

Egal in welchem Lande, Besitzer werden ihren Rollern mit jedem Kilometer fester verbunden.

Eine Vespa in Deutschland mit dem üblichen Zubehör, wobei natürlich die Flaggen nicht fehlen dürfen.

Fürs Geschäft oder zum Vergnügen, die Vespa paßt immer ins Bild und ist ein treuer Reisegefährte, wie zum Beispiel unten, wo amerikanische Lebensart sich mit der italienischen Küche trifft.

2

DIE ERSTEN FÜNFZIG JAHRE

Ende 1945 stand die Bühne für den Auftritt des neuen Rollers schon bereit; im April 1946 ging das Modell V.98 in Produktion. Von Anfang an war die Vespa erfolgreich, ein absoluter Hit, der das Leben von Millionen Menschen in den harten Nachkriegsjahren praktisch über Nacht veränderte. In der Presse wurde der Roller als Kleinauto auf zwei Rädern beschrieben, vielleicht nicht in Größe oder Volumen, aber sicherlich traf das in der neugewonnenen Mobilität für deren Besitzer zu.

In den ersten zwei Produktionsjahren wurden mehr als 50.000 Vespa Roller gebaut. Das Wunder, auf das Signore Piaggio gehofft hatte, hatte sich ereignet.

1948 folgte die Weiterentwicklung mit der 125er. Sie hatte natürlich mehr Leistung und unzählige Modifikationen (unter anderem die überarbeitete Federung). Die Entwicklung führte zu einer größeren Modellfamilie, als die sportliche Rally 200 erschien, oder die kleine 50er für den Nachwuchs. In den späten 70ern kam ein neues Design dazu und in den 90ern sogar futuristische Linien. Die immer populäre GS ist darunter ein Evergreen, die Militärversion jedoch eine Randerscheinung. Ähnliche Bespiele finden wir mit dem Dreirad APE und dem Kleinauto Vespa 400.

Als die 50er kamen, hatten die meisten Menschen die schlimmsten Nachwirkungen des Krieges hinter sich und das Leben verlief wieder in den Bahnen einer gewissen Normalität. Auch wenn alles etwas anderes war als vor dem Krieg. Vespa trug auf jeden Fall dazu bei, als billiges Transportmittel – von Anfang an Piaggios Absicht –, aber auch als Objekt an sich. Plötzlich entstanden Vespa-Clubs, und Rallyes oder Treffen wurden organisiert.

Die Vespa 125 von 1951 verlor endlich das komische Gestänge für Bremse, Kupplung und Schaltung und erhielt jetzt geschmeidige Bowdenzüge. Zwei Jahre später zog der Scheinwerfer vom vorderen Schutzblech weg und wanderte zum Lenker hoch. 1954 erschien die erste 150, zwei Jahre später von der 150 GS gefolgt. Die GS war die erste Sportversion und sollte in verschiedenen Ausführungen das populärste Modell werden.

In den ersten zehn Produktionsjahren rollten mehr als eine Million Vespas vom Fließband in Pontedera. Alleine in Italien

Fünfzig Jahre vor der Geburt der Vespa betätigte sich der Vater von Enrico Piaggio als Schiffsausstatter.

Die erste Vespa hatte keinen Ständer, nur eine kleine Kupole unter dem Fußbrett. Geparkt wurde, indem die Maschine einfach gegen den Bordstein lehnte. Die Bedienungselemente am Lenker übertrugen ihre Kommandos per Gestänge.

1952 wurde das Gestänge durch Bowdenzügen ersetzt und ein Hauptständer gehörte nun zur Serienausstattung. Dieses Exemplar wurde neu nach Spanien exportiert.

Ein weiteres Modell aus dem Jahre 1952 in Spanien. Grün oder Grau waren die häufigsten Farben.

Die Vespa 125 ist in Spanien ab 1960 gebaut worden, in jenem Jahr, als die zweimillionste Vespa das Werk verließ.

gab es über 4000 autorisierte Händler. Weitere 8000 verteilten sich in den übrigen Ländern Europas und 2000 auf der restlichen Welt. In mehr als hundert Ländern war die Vespa der meistverkaufte Roller.

Die letzten beiden Jahre der Fünfziger sahen die 125 und 150 im neuen Design. Der Lenkerverkleidung umschloß nun den Scheinwerfer und die Linien wurden allmählich stromlinienförmiger. Die Popularität der Roller war noch ungebrochen, 1960 verließ die zweimillionste Vespa das Werk. Zwei Jahre später wurde die GS mit einem neuen Motor vorgestellt, jetzt mit 160 Kubik. Schon 1964 folgte die nächste Version, der GS-Motor wurde auf 180 Kubik vergrößert.

Ein wichtiges Kapitel in der Vespa-Geschichte begann 1963 mit der Einführung der Vespa 50. Dieses Modell war in einigen Ländern, darunter Italien, führerscheinfrei und

Nächste Seite: Vespa 50. In vielen Ländern durften 14jährige ohne Führerschein damit fahren.

bitubo

Yankee
Vespa

Die 150 GS von 1960 weist den in die Lenkerverkleidung integrierten Scheinwerfer auf.

durfte deswegen in Italien von 14jährigen gefahren werden, in anderen Ländern von 15jährigen. Daß deren Beliebtheit in Italien noch schneller wuchs als anderswo ist vielleicht kein Wunder: Der Bedarf war da und die Vermarktung ziemlich einfach. In anderen Ländern traten oft unerwartete Probleme auf, wie zum Beispiel in Frankreich, wo die Vespa 50 mit Trittpedalen ausgestattet werden mußte, um den Mofaregelungen zu entsprechen. Das Resultat war kaum überzeugend. Die 50er Version war auch die erste Vespa, in der der Motor im 45-Grad-Winkel eingebaut wurde. Eine 90-Kubik-Version folgte kurze Zeit später. Auch die Vespa 50 wurde von D'Ascanio konstruiert, sollte aber sein letztes Projekt für Enrico Piaggio werden. Der Firmenbesitzer und geistige Vater der Vespa starb im Oktober 1965.

Die 50 Super Sprint und die 90 Super Sprint, die in diesem Jahr erschienen, trugen alle Merkmale einer Sonderversion. Die schmale Frontverkleidung, das Handschuhfach oberhalb des zentral plazierten Reserverads und verchromte Schalldämpfer verliehen diesen in Rot, Blau oder Weiß lieferbaren Modellen eine sportliche Optik. Darüber hinaus brachte Piaggio mit der Primavera auch ein optisch neues Modell.

Bei der Vorstellung der 90 Super Sprint 1965 hielten viele das Handschuhfach oberhalb des Reserverads für einen Benzintank.

Gegenüber: Macht mehr her als ein Mofa, zum Teil wegen der rosa Lackierung: eine 50 Special.

ME
PV 12

Die Rally 200, oben, war die erste Vespa mit elektronischer Zündung.

1968 kam so die 180 Rally, die letzte Inkarnation der GS-Reihe, die bis 1973 in Produktion blieb; die GS-Reihe hatte es somit auf satte 18 Produktionsjahre gebracht.

Mit den 70er Jahren kam auch die Vespa 50 Elestart die, wie Sie sich wohl denken können, mit elektrischem Anlasser ausgestattet war. Noch mehr Innovationen folgten zwei Jahre später mit der Rally 200, der ersten Vespa mit elektronischer Zündung.

Einen Meilenstein in der Vespa-Geschichte stellte das neue Design des Jahres 1977

Die 125 Primavera trug ein neues Kleid. Die Vespa 125 war bei Einführung der neuen Generation schon seit 30 Jahren auf dem Markt.

dar; eine schlankere Karosserie und verbesserte Federelemente waren die größten Neuerungen des neuen Jahrgangs. Zuerst erschien diese PX-Reihe mit den Modellen 125 und 200, die PX 150 kam erst ein Jahr später. Eine 80er rundete die Modellfamilie 1980 ab. 1982 wurde die Reihe von der PK-Serie abgelöst, technisch etwa gleich, aber kleiner und kompakter gebaut in den Hubraumgrößen 50, 80, 100 und 125 Kubik. Diesen Modellen wurde die Arcobaleno (Regenbogen) und die Automatica zur Seite gestellt, letztere die erste Vespa mit Automatikgetriebe und somit ein wichtiger Schritt in die Zukunft. 1985 erschien eine Sportausführung der PX 125, die T5.

Zwei Jahre danach enthüllte Piaggio die neue Cosa in drei Hubraum-Größen, nämlich mit 125, 150 und 200 Kubik. Mit dem Modell Cosa verschwand in aller Stille der Name Vespa und wurde durch den Markennamen Piaggio ersetzt. Nicht überall begrüßte man diese Entscheidung. In Deutschland wird zum Beispiel die Bezeichnung Vespa gleichrangig neben Piaggio immer noch verwendet. Eine Modellreihe mag neu sein, die Tradition der Marke bleibt aber fest in Erinnerung.

In den 90ern folgte eine neue Generation Piaggio-Roller für eine neue Generation von Rollerfahrern. Die Sfera kam als erste, gefolgt von Zip, Quartz, Typhoon, Storm und Skipper. Die neue Generation hat computerberechnete Rundrohr-

Die Vespa 90 basierte auf der 50er, wurde aber nie so richtig populär und ist deswegen heute ein gesuchtes Modell.

Ende der 70er kam ein neues Design. Diese professionell lackierte PX200E von 1985 sorgt für Aufsehen.

rahmen, die die alte Karosserie ersetzen. Die neue Karosserie ist aus elastischem, aber widerstandsfähigem Kunststoff, leicht zu pflegen, aber nachgiebig bei einem Sturz. Automatikgetriebe und Handlichkeit waren für die Konstrukteure dieser Vespa der Neunziger Selbstverständlichkeiten.

Im Vorfeld des fünfzigjährigen Jubiläums zeigte Piaggio mit seinem neuen Flaggschiff Hexagon der Welt ein neues Gesicht. Die futuristischen Linien, unter denen sich große Stauräume verstecken, sollen breitere, jüngere Käuferschichten ansprechen.

Technik und Mode werden in der Zukunft diese Roller noch mehr beeinflußen. Und obwohl Rollerfahrer von heute eine Technik wie vor 25 Jahren oder gar 50 Jahren sicher nicht mehr akzeptieren würden, so ist doch ein gewisser Hauch von Nostalgie durchaus erwünscht. Auch ein moderner Roller ist dadurch irgendwie zeitlos – wie die Idee, die dahinter steckt.

Von allen Modellen ist die GS bestimmt das populärste – schlicht und einfach der klassische Roller.

Die Cosa war das erste Modell, das nicht Vespa hieß, sondern Piaggio.

Die Zip verfügt, besonders umweltfreundlich, über zwei Triebwerke. Einen normalen Motor für die Fahrt in die Stadt und einen elektrischen Antrieb für den Stoßverkehr.

Trotz dramatischer Unterschiede zu den Vorgängern wecken die Modelle Sfera und Typhoon den gleichen Enthusiasmus wie die alten.

Fünfzig Jahre, nachdem das Vespa-Konzept als »kleines Autos auf zwei Rädern« geboren wurde, bietet die Hexagon eine echte Alternative zu Motorrädern und Autos. Der Name kommt vom sechseckigen Piaggio-Emblem.

Die Skipper kommt in drei Ausführungen, mit 80, 125 und 150 Kubik. In Deutschland wird sie als SKR vermarktet, wahlweise sogar mit Kat. Kleines Foto: Automatisch und praktisch: Einschalten und losfahren.

3 AUF DER GANZEN WELT

Vespa in England

Die Vespa-Idee stammte von Enrico Piaggio, zunächst nicht mehr als ein Versuch, auch in der Nachkriegszeit Geschäfte zu machen. Die Einführung der Vespa in Großbritannien kam mehr oder weniger aus dem gleichen Grunde.

Es war im Jahr 1948, und Claude McCormack befand sich auf Urlaub in Italien, dachte aber dabei häufig an seine Arbeit. Kurze Zeit zuvor war er zum Geschäftsführer des Motorradherstellers Douglas ernannt worden. Das Unternehmen litt unter einer finanziellen Krise und wurde von der Treuhand zwangsverwaltet. Wie Piaggio kannte auch McCormack das Leistungsvermögen seiner Arbeiter im Werk in Bristol. Er wußte auch wie wichtig es war, schnell eine Lösung für die Nachkriegsproduktion zu finden.

Als McCormack zum ersten Mal eine Vespa sah, war er zuerst etwas verblüfft, dann bezaubert und schließlich überzeugt. Douglas wollte die Vespa für den einheimischen Markt in Großbritannien bauen. Die offizielle Motorcycle Show 1949 war der erste Auftritt. Die ausgestellten Modelle waren alle aus Italien importiert, da McCormack – und Vespa – zuerst den Markt testen wollten. Auch die Treuhand wollte erst noch überzeugt werden, aber McCormacks Inspiration hatte ihn nicht getrogen. Die Vespa war der Star der Show und hunderte wurden auf der Stelle bestellt. Die Presse bestätigte den Empfang: »Die Vespa ist«, so schrieb sie, »ein Meilenstein der Geschichte«. McCormack besorgte sich die Herstellungsrechte und die Treuhand gab ihren Segen: Der Roller war in Großbritannien gelandet.

Selbstverständlich gab es Anfangsschwierigkeiten. Es dauerte länger als erwartet, Maschinen und Werkzeuge fertigzustellen. Gewisse Preßteile mußten außerdem aus Italien geholt werden. McCormack ahnte, daß die traditionellen Motorhändler wohl wenig für die kleine Vespa übrig haben würden und nahm stattdessen mit einigen weitblickenden Autohändlern Kontakt auf. Das erste Modell war die (importierte) 125er, aber schon im März 1951 stand die erste in Lizenz von Douglas gefertigte Vespa in den Schaufenstern. Diese erste Douglas-Vespa hatte noch die über Gestänge betätigten Kontrollelemente, die 1953 beim G-Modell durch Bowdenzügen ersetzt wurden.

Die unter Lizenz von Douglas in England hergestellten Vespas hatten den Scheinwerfer höher plaziert, um die britischen Zulassungsbestimmungen zu erfüllen.

Douglas konzentrierte sich bei der Herstellung auf die Vespa 125 und importierte die restlichen Modelle, meistens aus den Werken in Spanien und Italien. Einige hunderte GS kamen auch aus deutscher Herstellung.

Obwohl die Vespa in Großbritannien viele Anhänger fand, besonders in Kreisen, die einen kontinentalen Flair schätzten, war der Absatz doch immer ein Problem. Für die Hälfte des Kaufpreises einer Vespa konnte man sich ein kleines Motorrad mit der gleichen Leistung kaufen. Ein billiges Transportmittel, wie in Italien, war die Vespa in England nie. Sie ist aber als Dienstfahrzeug nicht nur von der Polizei in England und Irland eingesetzt worden, sondern auch vom Automobilclub RAC. In den 60ern war sie das bevorzugte Transportmittel der Mods, einer Jugendkultur, der mit dem Film *Quadrophenia* ein Denkmal gesetzt wurde.

Als 1960 die Herstellung in Kingswood auslief, waren über 126.000 Stück gebaut worden. Douglas importierte aber weiter Vespas, bis 1982 die Vespa (UK) Ltd den Import übernahm.

Vespa in Deutschland

Jacob Oswald Hoffmann stellte in Lintorf, nördlich von Düsseldorf, Fahrräder her. Bei Kriegsende hatte er das Gelände einer ehemaligen Schaufelfabrik aufgekauft und die neuen Gebäude hochgezogen. Anfang 1949 landeten einige Pressefotos von der Vespa auf seinem Schreibtisch. Er fand die

Schöpfung erfrischend neu und beschloß, mehr herauszufinden. Die Möglichkeit bot sich bei der Frankfurter Messe, wo die Vespa und Hoffmann sich zum ersten Mal begegneten. Es war Liebe auf den ersten Blick, auf der Stelle wußte er, daß er in seinem Lintorfer Werk Vespas bauen wollte. Er schrieb Piaggio und suchte um die Lizenzrechte nach.

Piaggio war erfreut. Man hatte die Entwicklungen auf dem deutschen Markt längere Zeit beobachtet und rechnete sich für die Vespa große Chancen aus. Mehrere Kontaktversuche mit etablierten Firmen waren jedoch gescheitert. Jetzt ging alles sehr schnell. Im Nu war ein Vertrag, der beide Seiten zufriedenstellte, aufgesetzt und unterzeichnet. Hoffman durfte Vespas für ganz West-Deutschland herstellen, den Verkauf für die nördliche Hälfte betreiben und auch nach Holland, Belgien und Dänemark seine Produkte exportieren. Der Vertrieb für Süd-Deutschland wurde von der Vespa Marketing GmbH in Frankfurt übernommen.

Vespa wurde in Deutschland sehr schnell populär. Presseberichte lobten den Roller für die innovative Konstruktion sowie das nette Design und spendeten Piaggio viel Lob für dieses Gefährt, das auf alle Käuferschichten eine so hohe Anziehungskraft ausstrahlte. 1953 produzierte Hoffmann jede Woche 400 Vespa, obwohl ein Jahr später die Produktion auf die Hälfte sank.

Die wirtschaftliche Lage in Deutschland war nicht rosig, doch Hoffmann glaubte die Antwort zu kennen: Eine Vespa mit mehr Leistung, wie die Konkurrenten. Daraus entstand die

Das rot-schwarze Emblem befand sich nur auf den von Douglas hergestellten Exemplaren.

»Königin«, die sich auch optisch etwas abhob: durch Zusatzscheinwerfer, mehr Chrom und so weiter. Die Entwicklung verschlang allerdings viel Geld, und Hoffmanns finanzielle Lage war nachgerade nicht besonders stabil. Was schlimmer war, mit dem Bau eines eigenen Modells hatte er gegen die Bedingungen des Vertrags mit Piaggio verstoßen. Anfang 1955 endete die deutsch-italiensche Zusammenarbeit.

Piaggio nahm jetzt mit Messerschmitt Kontakt auf und schon im Frühling 1955 rollte die erste von Messerschmitt hergestellte Vespa vom Fließband. Das Programm umfaßte zwei Modelle, die 150 Touren und die 150 GS. Service und Ersatzteillieferungen für die noch von Hoffmann gelieferten Vespas wurden ebenfalls von Messerschmitt übernommen.

Die Zusammenarbeit lief in dieser Form bis 1957 weiter. Dann wurde in Augsburg die Vespa GmbH gebildet, mit Piaggio und der schweizer Firma Martial Fräne als Besitzer. Martial Fräne war schon seit Ende 1955 als Anteilseigner bei der Vespa-Messerschmitt eingestiegen. Die beiden ursprünglichen Modelle wurden weitergebaut und über die Jahre hinweg immer wieder kleineren Modifikationen unterzogen. 1958 kam die Vespa 125. Die Produktion lief bis 1963 weiter, dann war Schluß: Der Markt für motorisierte Zweiräder war weitgehend zusammengebrochen, was eine Serienproduktion in großem Stil unrentabel werden ließ. Seitdem fungiert Vespa Augsburg als Importeur der in Italien produzierten Wespen.

Vespa in Frankreich

Im Oktober 1947 befuhr die Vespa nachweislich zum ersten Mal französischem Boden, zumindest soweit dies in der Öffentlichkeit bekannt wurde: Den Besuchern des Salon de Paris imponierte die neue Italienerin am Stand des Piaggio-Importeurs Georges Monneret ganz gewaltig. Ein regelrechter Import fand allerdings erst ab Frühjahr 1950 statt und war sofort ein Erfolg. In den ersten neun Monaten verkauften sich 1200 Vespa in Frankreich.

Im September 1950 übernahm die A.C.M.A. (Ateliers de Construction de Motocycles et Accessories) mit Sitz in Paris die Vespa-Lizenzfertigung im Werk in Fourchambault, einer ehemaligen Rüstungsschmiede, die rund 300 Mitarbeiter beschäftigte. Die Montage der Vespa 125 für Frankreich begann unmittelbar darauf mit Teilen, die aus Italien importiert wor-

Douglas produzierte nur die 125er. Alle übrigen Modelle wurden aus Italien importiert, manchmal aus Spanien und gelegentlich sogar aus Deutschland.

den waren. Die französischen Modelle entsprachen in nahezu allen Einzelheiten den italienischen, mit Ausnahme des Scheinwerfers: Jener nämlich mußte aufgrund französischer Vorschriften am Lenker plaziert werden.

Der Roller erfreute sich wachsender Popularität. Im Januar 1952 feierte ACMA die Fertigstellung der zehntausendsten in Frankreich montierten Vespa. Die Belegschaft hatte sich inzwischen auf 600 verdoppelt und stellte 80 Roller pro Tag fertig. Im Juli betrug die Zahl der Arbeiter 900 und die Tagesproduktion 140. Über das ganze Land verteilt gab es 150 Vespa-Stützpunkte; dazu kamen weitere 500 autorisierte Servicewerkstätten. 1956 erhielt die 125 Gesellschaft von der 150GL. Die größere Schwester basierte auf der 125, hatte aber Zenith-Vergaser, ein abschließbares Staufach und Weißwandreifen.

Für Fahrzeughalter in Frankreich gab es sicherlich bessere Jahre als 1958, besonders für Rollerfahrer. Die Suez-Krise hatte zu Benzinrationierungen geführt und in diesem einen Jahr wurde die Kfz-Steuer zweimal erhöht. Eingeführt wurden außerdem obligatorisch Haftpflichtversicherung, Führerschein und Zulassung. Die einzigen Sieger waren Fahrer und Besitzer von Maschinen mit weniger Hubraum als 50 Kubik. In dieser Klasse waren die Restriktionen minimal. Der Vespa-Verkauf verringerte sich dramatisch, brach praktisch über Nacht zusammen. Die Produktion mußte umgestellt

Großes Foto: Hier eine von mehreren hundert Vespas, die von Deutschland aus nach England verschifft wurden, um die Nachfrage zu befriedigen.

Das Piaggio-Emblem der nach England importierten Vespas.

werden und die Belegschaft wurde auf Kurzarbeit und eine 32-Stunden-Woche gesetzt. Im

GVS188

Vespa

Von allen Lizenzherstellern wurde erwartet, daß sie das gleiche Lied spielten. Andernfalls blies Piaggio ihnen den Marsch...

August kam die Produktion ganz zum Erliegen.

ACMA stellte Versionen mit schlankerem Design vor, in den Größen 125 und 150. Dazu kam die aus Italien importierte 150 GS. Trotz dieser Maßnahmen waren die Tage der Produktion in Fourchambault gezählt. 1962 schlossen sich die Tore endgültig. Ab dann handelt es sich bei allen von Vespa France verkauften Maschinen um Importe aus Italien. Die Importprodukte verkauften sich ganz gut; die Vespa 50 wurde mit ihren zusätzlichen Tretpedalen als Mofa eingestuft. Die Pedale waren über eine Kette mit dem Hinterrad verbunden, unabhängig vom Motor und Antrieb. Ein Führerschein war für diese Ausführung der Vespa 50 nicht nötig und jeder, sofern er mindestens 14 Jahre alt war, durfte damit fahren.

Darüber hinaus gab es eine Sonderversion der von der ACMA produzierten Vespa. Sie war einzigartig und sehr zweckmäßig, die Vespa Militaire. Im großen und ganzen war die Militaire mit ihrer zivilen, 150 Kubik großen Cousine identisch, hatte aber einen größeren Kolben und war für ihre schwerere Zuladung extra verstärkt. Die Prototypen ernteten viel Lob wegen ihrer Fähigkeit, 250 Kilo durch schweres Terrain zu schleppen. Zwei Typen wurden gebaut, die TAP 56 und die TAP 59, wobei die Modellbezeichnungen das entsprechende Baujahr angeben.

Hoffmann
Vespa

Vorige Seite: Piaggio hatte zunächst Schwierigkeiten, einen Importeur für Deutschland zu finden, bis schließlich Hoffmann sein Interesse bekundete. Das kleine Foto zeigt das Hoffmann-Typenschild, das alle in Lintorf unweit von Düsseldorf gebauten Vespas trugen.

Vespa in Spanien

Zwischen Italien, dem Heimatland der Vespa, und Spanien gibt es viele Gemeinsamkeiten. Deswegen stand auch überhaupt nicht in Frage, welcher Empfang der Vespa auf der iberischen Halbinsel zuteil werden sollte: Die Aufnahme konnte nur gut sein. Dazu kam, daß Spanien in den frühen 50ern kaum motorisiert war, die Vespa als billiges Transportmittel lag da goldrichtig. Ab 1952 wurde die Vespa in Lizenz von der MotoVespa SA in Madrid gebaut. Anfangs nur zögerlich, wuchs die Produktion dann immer mehr an und in vier Jahren rollten 50.000 Vespa vom Fließband.

Das erste Modell war die 125, die aber 1959 vom S-Modell (die mit der Primavera praktisch baugleich war) Gesellschaft erhielt. Zwei Jahre danach folgte die 150; auch die Vespa 50 S erfreute sich unter Spaniens Jugend schnell großer Beliebtheit. Bis heute

Keine gute Idee: Der Motor der Königin lief den Vertragsbestimmungen zwischen Hoffman und Piaggio zuwider und bedeutete der Anfang vom Ende der Zusammenarbeit. Dieses Exemplar mit den Originaltaschen aus dem Zubehörprogramm steht im Rollermuseum in Assmanshausen.

HH
LV 601
D

Die Vespa GmbH in Augsburg produzierte bis 1963 den Roller; danach qualmte er wieder auf italienisch.

werden in Madrid noch »Wespen« hergestellt, das Programm umfaßt drei Grundmodelle: PK, PX und T5/Cosa.

Vespa in Belgien
Obwohl einige Vespa schon 1949 den Weg nach Belgien fanden, dauerte es weitere vier Jahre, bis Bevelux in Brüssel einen regelrechten Import aufgebaut hatte. Die Firma verpflichtete nicht nur 150 Händler und Servicewerkstätten in Belgien und Luxemburg, sondern vertrieb die Vespa-Roller auch über Großmärkte und Warenhäuser.

Ab 1954 wurde die Vespa 125 von der Moto Industry SA

Die von Messerschmitt hergestellten Vespa-Roller trugen das berühmte Vogelsymbol, das später zum Zankapfel wurde. Man ging sogar vor Gericht – Mercedes gewann, der Vogel sah dem Stern zu ähnlich.

Eine kleine Windschutzscheibe war ein sehr beliebtes Zubehör, der gelbe Scheinwerfer in Frankreich dagegen Pflicht.

Diese ACMA Vespa trägt einen Benzinkanister im Reserverad.

Unschöne Trittpedale klassifizierten die Vespa 50 in Frankreich als Mofa; damit konnte sie von 14jährigen gefahren werden.

(MISA) mit italienischen Teilen zusammengebaut. Ab 1956 erweiterte sich das Angebot um die 150 Tourisme und die 150 GS; im darauf folgenden Jahr kam die 150GL. Leider war die belgische Lizenzfertigung in den 60ern nicht mehr rentabel und mußte eingestellt werden.

Vespa im restlichen Europa
Vespa hat nicht nur in jenen Ländern, wo sie in Lizenz hergestellt wurde, viele Käufer gefunden. Einer der ersten Exportmärkte war die Schweiz. Schon 1946, im ersten Produktionsjahr, überquerten 60 Vespa die Alpen. Österreich, Holland, Dänemark und Schweden gehörten ebenfalls zu den ersten Abnehmern.

Vespa in der USA
Piaggio erkannte das enorme Potential des amerikanischen Marktes. Für Studenten wäre dieser Roller eine ideale und billige Transportform. Ideal wäre eine Vespa auch für Farmer, für Familien könnte sie einen Zweitwagen ersetzten, und im Großstadtgewimmel könnte man sich durch die Verkehrsstaus schlängeln.

Das Postversandhaus Sears Roebuck wurde 1951 offizieller Importeur. Mit nur wenig Promotion verkauften sie schnell 20.000 Vespa 125 unter ihrem eigenen Label »Allstate Crusaire«. Die Beliebtheit der Vespa, besonders unter den jungen Käufern, wuchs ständig; Ende der 50er rekrutierte sich die Käuferschicht bis zu neunzig

Der Ausschnitt am Frontschild läßt Platz für einen Granatwerfer oder eine Panzerfaust. Die Militärausführung gehört zu den bizarrsten, aber vielleicht auch zu den interessantesten Vespa-Modellen.

Prozent nur aus dieser Altersgruppe. Die Werbung betonte einerseits italienisches Flair, betonte aber auch den Nutzwert dieses Rollers. Der Slogan, der unweigerlich kam, lautete »Power-Safety-Economy« – Leistung, Sicherheit, Wirtschaftlichkeit.

Anfang 1961 traf Piaggio mit dem Rollerhersteller Cushman eine Übereinkunft, wonach Cushman in den USA auch Vespa verkaufen sollte. Mit zwei offiziellen Importeuren auf dem Markt, lizenzierte Piaggio auch mehrere kleine Vertretungen in Schlüsselgebieten. Diese Zeit war für Vespa in Amerika die Glanzzeit. 1975 bildete Piaggio die Vespa of America Corporation und konzentrierte sich damit vor allem auf den kalifornischen Markt, hatte aber leider nicht den erhofften Erfolg. Obwohl viele Enthusiasten sich zur Marke bekennen, gibt es heute keinen offiziellen Importeur mehr.

Vespa in Südamerika

Daß Vespa in Brasilien in Lizenz hergestellt wurde, ist vor allem dem ehemaligen Rennfahrer Juan Manuel Fangio (einem Argentinier) zu verdanken. Nach seinem Rücktritt vom Motorsport machte er eine zweite Karriere als Autohändler und Geschäftsmann, er interessierte sich dabei für alles, was Räder hatte. Sein Werk, Panauto SA, produzierte in den 50ern und 60ern Vespa-Roller,

Spanien stellt noch heute Vespas in Lizenz her. Dieses Modell aus dem Jahre 1959 stammt aus den ersten Produktionsjahren. Das kleine Bild zeigt das Herstellerschild von MotoVespa SA in Madrid.

vornehmlich für Brasilien, aber auch für den Export in andere Süd- und Lateinamerikanische Länder. Auch die Polizei und die Streitkräfte Brasiliens nutzten die kleinen Roller.

Vespa in Indien
Piaggio unterzeichnete 1961 mit der Bajaj Auto Ltd einen Lizenzvertrag für die Vespa-Herstellung in Indien. Nach zwei Jahren zog die Produktion in ein neues, großes Werk in Poona ein. Heute werden dort die 150 Super- und Chetak-Modelle gebaut, ebenso wie ein 100 Kubik großes Modell namens Cub. Noch heute tragen die Versionen von Bajaj die ursprünglichen Linien der alten Modelle. Robust und zuverlässig, sind sie für den indischen Markt genau richtig und deshalb sehr populär. Zeitweise wurden die indischen Vespa-Roller auch exportiert, zum Beispiel nach Deutschland.

B·312467

Bajaj-Roller sind in Indien unter Lizenz hergestellte Vespas und dort mit Recht sehr populär. Die Chetak 150 ist eines von drei Bajaj-Modellen. Außerdem gibt es die Super mit 150 Kubik und die 100-Kubik-Cub. Das kleine Foto zeigt das Bajaj-Emblem.

4 DREIRÄDER

Als der Erfolg der Vespa gesichert schien, ließ Piaggio aus dem Roller ein Dreirad entwickeln, das APE genannt wurde. Die erste Ausführung, als Modell A bekannt, wurde 1948 vorgestellt. Vorn ähnelte es dem Roller, das Heck gab es aber in drei verschiedenen Ausführungen, mit offener Ladefläche, mit Kastenaufbau oder mit zwei nebeneinander plazierten Sitzen für zwei Passagiere. In der Praxis wurde selbstverständlich jedes APE entsprechend den Bedürfnissen seines Besitzers umgeändert.

Der Fahrer saß auf einem Sattel oberhalb des Motors, einem Einzylinder mit 125 Kubik und vier Vorwärtsgängen, aber keinem Rückwärtsgang. Als Zubehör gab es eine Windschutzscheibe, und für Liefermodelle entwickelte Piaggio eine Karosserie mit offenem Einstieg, die ebenfalls einen gewissen Wetterschutz bot.

Das Modell B des APE kam 1955 mit einem 150 Kubik Motor. Dieses Modell hatte vier Ausführungen; mit offenem Lieferkasten aus Holz und Blech (oder nur aus Blech), mit Pritsche, mit geschlossenem Aufbau oder als Zweisitzer-Taxi.

Ende 1956 kam das Modell C auf den Markt. Diese Modelle waren bedeutend moderner gestaltet und schützten endlich, dank einer richtigen Karosserie, den Fahrer ordentlich gegen Wind und Wetter. Die einfachsten Versionen hatten zwar nur einen Rahmen mit Windschutzscheibe vorn, aber die Ausführungen mit oder ohne Seitentüren boten bedeutend mehr Schutz. Der traditionelle Sattel war jetzt von einer kleinen Bank mit Platz für zwei (dürre) Personen ersetzt worden. Ein spezieller Hebel schaltete den Motor auf Rückwärtstrieb um, was im Endeffekt auch vier Rückwärtsgänge bedeutete.

Eine Sonderversion, die Pentaró, kam 1961 mit 170 Kubik und war nichts anders als ein APE mit fünf Rädern. Zwei Jahre danach folgte die APE D mit integrierten Scheinwerfern in einer richtigen Vollkarosserie. Auch dieses Modell hatte den 170 Kubik Motor. 1965 folgte ein revidiertes Modell E.

Anfang der 70er wurde die Modellreihe entsprechend der Zuladung in Kilogramm 350, 400, 500 und 550 genannt, wobei mit dem 250 und 600 zwei weitere Varianten hinzukamen. Daneben erschien die APE 50, die kleinste Ausführung mit einem Lenker anstatt des

Die kleinste APE in Euro-Ausführung. Eis schmeckt einfach italienischer, wenn es von einer Vespa serviert wird, wie auch hier in Amsterdam.

Lenkrads. 1972 debutierte dann das Vespa Car, das den Übergang von Roller zum richtigen Kleinwagen vollzog.

In Frankreich baute zwischen 1953 und 1958 ACMA ihre eigene Version der APE, die Tri Vespa in einer Auflage von insgesamt 5000 Stück. Dies war eher Ausnahme, da zum Beispiel in England trotz mehrmaliger Vorführungen, das Konzept nie ankam. Bajaj stellte unter Lizenz von Piaggio die APE in Indien meistens als Taxi her.

In den letzten zwanzig Jahren ist die APE-Idee ständig aktualisiert worden und für die Neunziger gibt es mehr als 50 Variationen, darunter acht Motoralternativen mit Alkohol-, Benzin- und Elektroantrieb. Seit der Einführung sind mehr als 1,5 Millionen APE hergestellt worden.

Unter die dreirädrigen Vespas muß man aber auch die Roller-Gespanne zählen. Für Personentransport ist der Beiwagen oft die ideale Lösung, wie auch für Motorräder. Traditionelle Gespannhersteller haben deswegen auch diese Marktlücke gefüllt. Modelle mit größerem Motor verkraften mühelos das zusätzliche Gewicht von Beiwagen und Beifahrer. Ein vorsichtiger Fahrstil ist jedoch einem sportlichen eindeutig vorzuziehen.

La Poste hat jahrelang in Paris APE eingesetzt. Parken tun sie eigentlich nie, schaffen es aber irgendwie kurz anzuhalten, ohne daß der Verkehr zum Stillstand kommt.

Die Tourismusbehörde in Straßburg verwendete für seine organisierte Stadtbesichtigungen die APE, später auch Vespa Autos…

… und auch die Straßburger Stadtreinigung rückt mit der Vespa dem Müll zu Leibe.

TABAC
SALON DE THE
LE BALTO
TABAC P.M.U
PMU
LA POSTE

Ape

Die ursprüngliche APE, hinten offen und vorn wie jede andere Vespa. Das kleine Foto zeigt den Motor unter dem Sattel.

Nächste Seite: Die britische Beiwagenhersteller Watsonian und Blacknell bauten auch Boote für Vespa.

"Bambini"

Dieser Beiwagen älterer Ausführung kommt von Vespa und gehört einem portugiesischem Enthusiasten.

Als Dame möchte man stilvoll reisen – in diesem Fall ist ein farblich so harmonisches Vespa-Gespann genau richtig.

Two's company - but three need not be a crowd with a stylish sidecar.

5 VIERRÄDER

Auf der Motorshow in Paris 1957 wurde Vespa seiner bisherigen Produktlinie untreu und präsentierte ein vollwertiges Kleinauto, den Vespa 400. Piaggio hatte das Auto von Corradino d'Ascanio entwikkeln lassen, befand sich aber damit in Italien in einer schwierigen Lage. Fiat, schon damals sehr einflußreich und tatsächlich in der Lage, Piaggios Rohstoff-Lieferungen beeinflußen zu können, ließ mitteilen, wenn Vespa Autos bauen wolle, könne man sich vorstellen, selber Roller zu bauen. Fiat hatte bekanntlich gerade den Renner Nuova 500 (den neuen Fiat 500) als Billigauto vorgestellt. Piaggio ließ deswegen den 400 in Fourchambault bauen und die fertigen Autos trugen das ACMA-Emblem.

Der Vespa 400 ist eine Seltenheit unter den Kleinstautos jener Tage, da es sich hier nicht um einen motorisierten Notbehelf, einen Autoersatz handelte, sondern um ein richtiges Auto, nur mit kleineren Abmessungen. Und groß ist der Vespa 400, auch wenn es täuscht. Vorn haben normalgroße Fahrer und Beifahrer genügend Raum für die Beine. Handbremse, Chokehebel und Starthebel befinden sich zwischen den Sitzen, was natürlich den Platz in der Mitte etwas einschränkt. Die Türpanele sind nach außen gewölbt und kompensieren so das beschränkte Raumangebot in der Mitte. Die Türen sind hinten angeschlagen und die vielen Einstellmöglichkeiten der Sitze erleichtern den Ein- und Ausstieg.

Konstruiert für zwei Personen plus Gepäck war es aber möglich, den Raum hinter den Vordersitzen mit speziellen Kissen auszupolstern und so Sitzplätze für zwei Kinder zu erhalten. In der Werbung von Vespa hieß es, »zwei enge Freunde« würden auch hinein passen, dies aber nur an warmen Sommertagen, da das Sonnendach zurückgerollt werden mußte, um genügend Kopffreiheit zu lassen.

Die Innenausstattung ist nett und funktionell, mit Gummimatte und textilverkleideten Rohrsitzen. Das Armaturenbrett ist einfach, wobei der Tachometer mit integriertem Kilometerzähler das einzige Anzeigeinstrument auf dem Brett bleibt, ergänzt um Warnlampen für Blinker, Lichtmaschine und Kraftstoffstand. Licht und Blinker werden per Hebel am Lenkrad betätigt und die Scheibenwischer mit

DE-61-11

Der Vespa 400 ist sehr klein und charmant, hat aber durchaus einige praktische Details aufzuweisen.

einem Drehschalter am Armaturenbrett. Das Basismodell hat einen Startdruckknopf, das Luxusmodell ein richtiges Zündschloß. Zwei Schalter auf der Unterseite des Armaturenbretts regulieren das Parklicht und reduzieren, aus unerfindlichem Grund, den Ton der Hupe! Auf der Beifahrerseite gibt es ein kleines Staufach. Heizung und Belüftung sind zwar primitiv, aber einigermaßen effektiv.

Der Motor ist ein Zweitakter mit zwei Zylindern und 393 Kubik Hubraum, hinter der Hinterradachse eingebaut. Seine Höchstleistung beträgt 14 PS, das Drehmoment ist aber erstaunlich gut und zieht den Wagen im höchsten Gang ab 25 km/h mühelos voran. Das Geheimnis ist die Drehschiebersteuerung, die eine bessere Schmierung der Kurbellager ermöglicht. Aus diesem Grund läuft der Motor mit einem Gemisch von Benzin und Öl im Verhältnis von 50:1. Qualmen tut der Motor deshalb kaum.

Der Motorraum ist übersichtlich. Auf der einen Seite liegt der Ölbehälter mit Dosierungsmöglichkeit, um die genau richtige Menge bei jeder Tankfüllung nachzupumpen. Das Getriebe hat drei Vorwärtsgänge und einen Rückwärtsgang, mit Synchronisierung für den zweiten und dritten. Die 12 Volt-Batterie sitzt auf einer Platte, ausziehbar aus der Front des Wagens. Von dieser Stelle aus ist auch der Behälter für die Bremsflüssigkeit erreichbar.

Als Höchstgeschwindigkeit wurde 90 km/h angegeben, sie galt auch als Dauergeschwindigkeit. Dank der hervorragenden Federung ist der Wagen bei diesem Tempo nicht unbequem, weit empfehlenswerter ist aber der Geschwindigkeitsbereich um 70

Einfacher könnte das Armaturenbrett nicht sein: Tacho, die notwendigen Schalter, das war's dann auch schon. Die Vordersitze sind, typisch französisch, recht bequem; der Rücksitz ist für Gepäck gedacht, kann aber zum Notquartier für Kinder umgebaut werden. Die entsprechenden Kissen dafür gab es im Zubehörprogramm.

Café - Zaal De
04951 - 41372
Fristi
CABALLERO
CAMEL

km/h, bei dem sich der Geräuschpegel erheblich reduziert.

Mit einem Radstand von knapp 1,7 Metern und einer Gesamtlänge von 2,8 Metern hat der Vespa 400 einen engen Lenkradius, perfekt für Stadtverkehr. Der Normalverbrauch liegt bei etwa fünf Litern.

In Fourchambault wurden zwischen 1957 und 1961 mehr als 30.000 Vespa 400 hergestellt. Zu dieser Zeit lief die Rollerherstellung allerdings nur auf Sparflamme. Im letzten Produktionsjahr kam der Vespa 400 GT mit Vierganggetriebe, allerdings wurden nicht viele davon gebaut. Eine Version mit Dreiganggetriebe, aber höherer Motorleistung, entstand nur für den Export. Einige wurden sogar in die USA exportiert, fanden aber wenig Anklang. Eine geplante Version mit Rechtslenkung wurde nie realisiert. Der größte Teil des Vespa 400 wurde in Frankreich verkauft oder vor allem nach Belgien und Holland exportiert.

In Europa wäre das Potential der Vespa 400 zweifellos groß gewesen. Er kostete etwa zwanzig Prozent weniger als die Konkurrenten, hatte aber ein größeres Platzangebot, war wirtschaftlicher und außerdem zuverlässig. Unbequem war das kleine Auto nicht und auch nicht primitiv.

Die Türen des Vespa 400 sind hinten angeschlagen und erlauben so einen bequemen Einstieg.

In einem Testbericht schrieb die renommierte englische Zeitschrift *The Motor*, daß »ohne unkonventionell zu sein, kombiniert Vespa praktische und bewährtete Einzelheiten in einem integrierten Paket«. Der Vespa 400 war ein Auto mit Charme und die heute noch existierenden Exemplare, vielgeliebt und schön restauriert, erregen Aufmerksamkeit, wo immer sie auftauchen.

Bei geöffnetem Sonnendach konnten hinten zwei nicht zu große Erwachsene sitzen, sofern die Reise nicht zu weit führte. Das kleine Foto zeigt den übersichtlichen Motorraum. Eine ganze Zeit kursierten Gerüchte über einen größeren Motor, bestätigten sich aber nie.

6 WUNDER AUF ZWEI RÄDERN

Die Vespa-Roller sind ursprünglich für den Personentransport konzipiert worden; die APE war das Arbeitspferd der Marke. Trotzdem haben Vespa-Roller in vielen verschiedenen Bereichen ihre Dienste versehen und tun es immer noch.

Zweiradboten sind in Paris oft auf Vespa unterwegs. Entweder gibt es tausende davon oder sie bewegen sich sehr schnell, sehen tut man sie überall. Die Handlichkeit, die Widerstandsfähigkeit gegen grobe Rempler, Staub und Regen, aber auch die Ladefähigkeit der kleinen Roller prädestinieren sie geradezu für solche Aufgaben in der Großstadt. Oft sind diese spezialisierten Roller mit Ladekästchen, Ösen und Haken oder Packtaschen ausgestattet. Viele Fahrer sitzen hinter Windschutzscheiben mit extra Schürzen.

Polizeikräfte in Europa und Südamerika setzen bei schnellen Verfolgungsjagden nicht auf Vespa, finden sie aber ideal für Patrouillen in großen und kleinen Städten. Die RAC, die engliche Verkehrswacht, verwendete die Vespa mit doppelten Bedienungselementen für die Führerscheinausbildung.

Roller-Rennen sind heute im Kommen, Vespa ist selbstverständlich voll mit dabei. Solche Veranstaltungen finden oft in größerem Rahmen statt und in allen europäischen Ländern. Auch die Vespa-Clubs mischen hier mit und veranstalten auch Rennen auf Clubniveau.

Douglas versah 1960 die Stuntgruppe Valley Display Team mit zwei in England hergestellten, schwarzlackierten Vespas. Die zwei waren etwas modifiziert und hatten unter anderem verstärkte Karosserien, damit Fahrer und Mitglieder des Teams sich überall abstützen konnten. Die Übersetzung war mit der der Gespannmaschine identisch. Als Mister Brian Edwards 1962 zum Team kam, landete eine dieser beiden in seiner Obhut, wurde aber regelmäßig bei Übungen und Vorstellungen eingesetzt. Mit der Auflösung des Teams 1965 gingen die zwei Maschinen zu Douglas zurück, wo sie mit neuem Lack für kleine und große Veranstaltungen ausgeliehen wurden. Mr. Edwards kaufte 1969 »seine« Vespa zurück und verwendete sie als tägliches Transportmittel, wir nehmen an, normal auf dem Sattel sitzend. In den Achtzigern restaurierte er seine

MICHELIN
IRC
MICHELIN
IRC
1
BOSS

Chef im Ring: Mark Green mit seiner Vespa 135 in einem 150-Meilen-Langstreckenrennen.

Maschine und, obwohl sie nicht mehr angemeldet ist, fährt er sie bei Rallies und Vorführungen noch heute.

Clubs für Vespa-Besitzer gibt es fast so lange wie die Vespa selber. An den meisten Wochenenden im Sommerhalbjahr gibt es irgendwo in Europa ein Vespa-Treffen. Die jährliche EuroVespa ist ein Zuschauermagnet für Besucher aus ganz Europa und wird

Andrew Merchant mit einer Quartz 70 in der Klasse für Automatikroller bis 70 Kubik.

Es gibt weniger hektische Sportdisziplinen, dafür sind sie aber dreckiger. Auch hier werden Grenzen erreicht, vor allem wenn der Vespa Club Düsseldorf zur Schlammschlacht lädt.

jedes Jahr von einem anderen Land organisiert.

Selbstverständlich gibt es Menschen, die ihre Vespa als Transportmittel betrachten und benutzen, für viele ist sie aber eine, *ihre* Art zu leben. Für solche Enthusiasten ist eine Vespa nicht der Weg zum Ziel, sondern das Ziel selber.

Vespa

MDS
Castrol

Sport

Gegenüber: Das Transportmittel eines Pariser Eilboten, mit Lederschürze als zusätzlichem Wetterschutz: das perfekte Fahrzeug für den hektischen Verkehr in Frankreichs Hauptstadt …

… und auch wenn Ihre Umgebung weniger hektisch ist, dient eine Vespa jedoch immer noch als praktisches Fahrzeug.

Verkehrspolizisten in Gerona auf Streifenfahrt mit ihren weißen Vespa-Rollern.

Vorige Seite: Einige Exemplare kommen viel herum, wie diese schwer beladene Vespa aus der Schweiz, die in Hampshire in England aufgenommen wurde.

Reisen auf zwei Rädern, das Gefühl, sich mitten in der Natur zu befinden, ist der Hauptgrund, warum Rollerfahrer so gern das Auto stehen lassen.

Diese ACMA-Vespa ist ein Fernsehstar und spielte in einer Folge der bekannten TV-Serie um Kommissar Maigret mit. Hier zusammen mit dem berühmten Citroen Traction Avant des französischen Inspekteurs.

Viele Besitzer geben ihren Rollern eine sehr persönliche Note. Oft stammt die Idee für eine besondere Lackierung aus der Popszene, von Comic-Heften, Filmen oder, wie in diesem Fall, vom Jaguar Le Mans-Team.

Brian Edwards Spezialmaschine, mit der er seinerzeit bei dem Thames Valley Display Team, einer Showtruppe, mitmachte.

Neben den Treffen im kleineren Rahmen arrangieren die Vespa Clubs alljährlich eine Veranstaltung für Vespa-Fahrer aus ganz Europa.

7 ROLLER FASHION

Eine Vespa ist eine Persönlichkeit. So wie es keine zwei Menschen gibt, die gleich aussehen, die gleich denken oder gleich agieren, so sind auch keine zwei Vespa identisch.

Wie die Fotos in diesem Kapitel zeigen, behandeln und verschönern die Besitzer ihre Roller unterschiedlich, ganz nach persönlichem Geschmack.

ALLEEN DEZE WEEK
SPRITS
GRATIS

LEPHONE
TELEPHONE
TELEP
PULL

TELEPHONE
PULL

Zum C-Netz-
Empfang trag' ich
immer das
PIAGGIO
Special
781
GVX

Ich hoffe, Sie haben die Fotos in diesem Buch genossen.

Die größte Freude beim Fotografieren von motorisierten Zweirädern ist die, daß es so viele neue Motive gibt, Stellen und Hintergründe, wo Autos nicht hinkommen können. Manchmal kann aber genau diese Freiheit Probleme mit sich bringen, vor allem für die Besitzer. Das Foto auf Seite 17 ist ein gutes Beispiel dafür.

Zu der Kathedrale in Gerona führen hundert Stufen hinauf und ich wollte eine Vespa genau auf halber Höhe dort oben fotografieren... Als Oliver Körber hörte, wie ich den Besitzer eines besonders schön und extra verchromten Exemplares vergebens darum bat, bot er mir nicht nur seine Vespa an, sondern auch seine Hilfe als Packer! Nach unseren gemeinsamen Bemühungen konnten wir dann nur lächeln, als die gelbe Vespa plötzlich von Fotografen umzingelt war. Ein besonderes Dankeschön an Oliver an dieser Stelle und auch für seine weitere Hilfe in Aix und seinem heimatlichen Landau.

Bei der Arbeit waren die Leica R6 und eine Auswahl von Objektiven von 16 bis 400 Millimetern Brennweite meine ständigen Begleiter. Die Fotos in diesem Werk sind alle mit Fujichrome gemacht worden.

David Sparrow